Sceneries in Thousands of Background Walls

千墙千景

餐厅·玄关背景墙

Dining Room&Vestibule Background Wall

李玉亭◎主编

華中科技大學出版社
http://www.hustp.com

图书在版编目（CIP）数据

千墙千景 . 餐厅、玄关背景墙 / 李玉亭主编 . —武汉：华中科技大学出版社，2014.4
ISBN 978-7-5609-9920-3

Ⅰ . ①千… Ⅱ . ①李… Ⅲ . ①住宅－装饰墙－室内装饰设计－图集 Ⅳ . ① TU241-64

中国版本图书馆 CIP 数据核字 (2014) 第 042021 号

千墙千景　　餐厅·玄关背景墙

李玉亭 主编

出版发行：华中科技大学出版社（中国·武汉）
地　　址：武汉市武昌珞喻路 1037 号（邮编：430074）
出 版 人：阮海洪

责任编辑：曾　晟　　　　　　　　　　　　　　　　　　　　责任监印：秦　英
责任校对：杨　淼　　　　　　　　　　　　　　　　　　　　装帧设计：张　靖

印　　刷：天津市光明印务有限公司
开　　本：889 mm×1194 mm 1/20
印　　张：5.5
字　　数：55 千字
版　　次：2014 年 4 月第 1 版第 1 次印刷
定　　价：29.80 元 (USD 6.99)

投稿热线：(010)64155588-8000
本书若有印装质量问题，请向出版社营销中心调换
全国免费服务热线：400-6679-118 竭诚为您服务

当拿到入住房间的钥匙时，相信每个人都会感受到幸福的来临。当然，在房价居高不下的今天，人们将绝大部分资金用于购房，用于装修的资金一般都有限。同时，背景墙的装饰，是居室装修的重点之一，在装修中占据相当重要的地位。因为背景墙是展示业主品位的重要部位，其装修就显得尤为讲究了。因此，根据这一现实情况，我们在几千张图片中精心挑选出可供读者参考的装修方案。这些方案以四两拨千斤的设计手法打造居室的空间环境，相信所展现出的视觉效果是会令您非常满意的。

本系列图书以居室背景"墙"为主题，分为《沙发背景墙》《电视背景墙》《餐厅·玄关背景墙》《卧室背景墙》四个分册。丛书精选了大量优秀背景墙设计图片，并针对图片的展示进行深入的解析，使其贴合读者需求，从而更高效地让读者借鉴、学习。另外，书中穿插了大量小贴士，以突出本书的实用性，包括设计要点、色彩搭配、选材窍门、施工注意事项等。本书实用性强，言简意赅、通俗易懂，读者读后会对背景墙装修的各个环节都有一个全面的认识。

在本系列丛书的编写过程中，编委会成员夏辉磷、孙潇、华华、庞菲菲、王琛、王寅、姜炳楠、贾蕊、王丽娜等人收集了大量的资料，在此表示衷心的感谢。

前言
Foreword

餐厅的灯光如何设计 …………………………… 001

餐厅墙面的色彩设计应注意什么 ………………… 011

如何使用镜面扩展餐厅视觉空间 ……………… 017

墙面壁纸施工需要注意的事项 ………………… 020

如何预防壁纸离缝或亏纸 ……………………… 031

如何处理壁纸起皱 ……………………………… 036

如何检验壁纸铺贴的质量 ……………………… 041

墙面使用镜面玻璃的注意事项有哪些 ………… 052

墙面铺贴瓷砖须注意哪些问题 ………………… 060

如何处理墙面瓷砖空鼓脱落 …………………… 068

如何处理墙面瓷砖色变 ………………………… 075

如何处理墙面瓷砖接缝不平直 ………………… 079

如何防止墙面的釉面砖出现裂缝 ……………… 085

如何防止釉面砖墙面不平 ……………………… 096

如何设计餐厅、玄关的墙面 …………………… 103

目录
Contents

◎ 餐厅的灯光如何设计

室内的层高若较低，宜选择筒灯或吸顶灯作主光源。如果餐厅空间狭小，餐桌又靠墙，可以借助壁灯与筒灯的巧妙配搭来获得照明，处理得当的话，一点也不会比吊灯的照明效果差。在选择餐厅吊灯时，要根据餐桌的尺寸来确定灯具的大小。如果餐桌较长，宜选用由多个小吊灯组成一排的灯具款式，而且每个小灯由开关分别控制，这样就可以根据用餐需要开启相应数量的吊灯了。如果是折叠式餐桌，就可以选择可伸缩的不锈钢圆形吊灯，它可随时根据需要扩大或减少光照空间。而单盏吊灯或风铃形的吊灯就比较适合与方形或圆形的餐桌进行搭配。

❶ 中式隔断造型   ❷ 黑白马赛克   ❸ 镜面玻璃   ❹ 艺术装饰画   ❺ 成品装饰柜

❶ 镜面玻璃　　❷ 装饰国画　　❸ 定制展架　　❹ 石膏板造型　　❺ 成品国画

❻ 白色乳胶漆　　❼ 装饰国画　　❽ 木饰面板

❶ 绿色乳胶漆
❷ 米黄色乳胶漆
❸ 褐色镜面玻璃
❹ 花纹马赛克
❺ 木饰面成品搁板
❻ 金色壁纸
❼ 成品镜面装饰
❽ 花纹壁纸
❾ 褐色软包
❿ 成品装饰画
⓫ 镜面玻璃
⓬ 白色大理石
⓭ 成品装饰画

❶ 暗纹壁纸
❷ 白色大理石
❸ 黑色镜面玻璃
❹ 白色乳胶漆
❺ 石膏板造型
❻ 印花压纹玻璃
❼ 镂空雕花板
❽ 白色乳胶漆
❾ 暗纹壁纸
❿ 石膏板造型
⓫ 镜面玻璃
⓬ 白色石膏线

❶ 浅紫色壁纸

❷ 艺术玻璃

❸ 黄色乳胶漆

❹ 玻璃推拉门

❺ 白色乳胶漆

❻ 木艺装饰品

❼ 米色乳胶漆

❽ 木作网格造型

❾ 镜面玻璃

❿ 米色乳胶漆

⓫ 浅色壁纸

⓬ 装饰珠帘

◎ 餐厅墙面的色彩设计应注意什么

色彩对人们的心理影响是很大的，在就餐时，餐厅墙面的色彩能影响人们就餐时的情绪，因此餐厅装修绝不能忽略色彩的作用。餐厅墙面的色彩设计因个人爱好与性格不同而有较大差异，但总的来讲，墙面的色彩应以明朗轻快的色调为主，经常采用的是橙色及相同色相的"姐妹"色。这些色彩都有刺激食欲的功效，它们不仅能给人以温馨感，而且能提高进餐者的兴致，促进人们之间的情感交流。当然，在不同的时间、季节及心理状态下，人们对色彩的感受会有所变化，这时可利用灯光的折射效果调节室内色彩。

❶ 中式花格造型　　❷ 中式花格造型　　❸ 中式风格壁纸　　❹ 红木饰面板　　❺ 中式风格壁纸　❻ 仿古砖

❼ 装饰画　　❽ 木作造型　　❾ 木饰面板　　❿ 米色石材　　⓫ 清玻璃　　⓬ 成品酒架

❶ 黄色乳胶漆　　❷ 白色搁板　　❸ 灰网纹大理石　　❹ 米灰色乳胶漆　　❺ 白色石膏板造型

❻ 米色皮革硬包　　❼ 灰色乳胶漆　　❽ 灰网纹大理石　　❾ 米色乳胶漆　　❿ 石膏线造型

❶ 手绘装饰画　　❷ 定制酒柜　　❸ 定制橱柜　　❹ 咖色镜面玻璃

❺ 白色乳胶漆　　❻ 定制酒柜　　❼ 黑白马赛克　　❽ 米色壁纸

◎ 如何使用镜面扩展餐厅视觉空间

餐厅的面积一般较小，摆放了餐桌椅后就很难再布置其他家具了，给人的感觉也很拥挤。这时，可以试着在其中一面墙上挂置玻璃镜，玻璃的反射效果能扩展不大的室内空间视觉效果。玻璃镜的设计最好分处理，既安全，又经济。周围摆放酒柜或搁板，可以让餐厅的层次显得更加丰富。如果餐厅空间低矮，甚至可以将有色玻璃镜面挂在吊顶上，做多块分隔，用广告钉固定，但要注意安全。

❶ 暗纹镜面玻璃　　❷ 米色壁纸　　❸ 米色大理石　　❹ 照片墙　　❺ 国画壁纸

❻ 中式花格　　❼ 米色壁纸　　❽ 米色大理石

❶ 木饰面板　　❷ 定制博古架　　❸ 中式纹样壁纸　　❹ 定制博古架　　❺ 米色暗纹壁纸

❻ 中式装饰画　　❼ 米色暗纹壁纸　　❽ 米色大理石　　❾ 白色中式花格　　❿ 定制圆形博古架

◎ 墙面壁纸施工需要注意的事项

壁纸的施工，最关键的技术是防霉和伸缩性的处理。粘贴壁纸前，需要先把基层处理好，可以用双飞粉加熟胶粉批烫整平。待其干透后，刷上一两遍清漆，再进行粘贴。壁纸的伸缩性是一个难题，要解决就要从预防着手，一定要预留0.5 mm 的重叠层，有一些人片面追求美观而取消这个重叠层，这是不妥的。此外，应尽量选购一些伸缩性比较好的壁纸。

❶ 白色石膏线　　❷ 蓝色壁纸　　❸ 暗纹壁纸　　❹ 定制酒架　　❺ 定制壁炉

❻ 定制佛龛　　❼ 米色暗纹壁纸　　❽ 装饰油画　　❾ 白色定制书架　　❿ 米色暗纹壁纸

❶ 中式木隔断　　　❷ 绿色乳胶漆　　　❸ 清玻酒柜　　　❹ 成品中式家具

❺ 大理石　　　❻ 装饰国画　　　❼ 定制博古架　　　❽ 木饰面板

❶ 白色暗纹壁纸
❷ 艺术油画
❸ 定制酒架
❹ 米色暗纹壁纸
❺ 车边镜面玻璃
❻ 定制酒柜
❼ 褐色暗纹壁纸
❽ 米色暗纹壁纸
❾ 金丝米黄大理石
❿ 艺术装饰品
⓫ 国画壁纸
⓬ 米色软包
⓭ 米色窗帘

❶ 白色乳胶漆
❷ 艺术装饰品
❸ 木饰面板
❹ 装饰油画
❺ 手绘墙装饰
❻ 木饰面板
❼ 手绘墙装饰
❽ 定制酒柜
❾ 白色乳胶漆
❿ 暗纹壁纸
⓫ 照片墙

❶ 定制不锈钢酒架

❷ 米黄色大理石

❸ 成品酒柜

❹ 石材＋镜面造型墙

❺ 原木饰面板

❻ 定制酒柜

❼ 米色暗纹壁纸

❽ 车边镜面玻璃

❾ 定制酒柜

❿ 车边镜面玻璃

⓫ 白色乳胶漆

⓬ 褐色镜面玻璃

⓭ 木饰面板

❶ 米色乳胶漆　　❷ 定制酒柜　　❸ 白色卷草纹隔断　　❹ 浅褐色乳胶漆　　❺ 暗纹壁纸

❻ 浅色暗纹壁纸　　❼ 长条形镜面玻璃　　❽ 深色暗纹壁纸　　❾ 白色乳胶漆　　❿ 镜面玻璃

◎ 如何预防壁纸离缝或亏纸

壁纸离缝或亏纸的主要原因是裁纸尺寸测量不准、铺贴不垂直。在施工中应反复核实墙面实际尺寸，裁割时要留10～30 mm余量。赶压胶液时，必须由拼缝处横向向外赶压，不得斜向或由两侧向中间赶压，每贴2～3张后，就应用线坠在接缝处检查垂直度，及时纠偏。发生轻微离缝或亏纸，可用同色乳胶漆描补或用相同纸搭茬贴补，如离缝或亏纸较严重，则应撕掉重新铺贴。

❶ 透明玻璃推拉门
❷ 褐色暗纹壁纸
❸ 白色乳胶漆
❹ 黄褐色暗纹壁纸
❺ 褐色软包
❻ 不锈钢装饰条
❼ 雅典白玉大理石
❽ 白色乳胶漆
❾ 金线米黄大理石
❿ 红木定制酒架
⓫ 米黄复合瓷砖
⓬ 定制酒柜
⓭ 金线米黄大理石

❶ 定制酒架　　❷ 金黄色壁纸　　❸ 定制酒架　　❹ 马赛克拼贴画　　❺ 拼贴壁纸

❻ 铁艺造型　　❼ 定制酒架　　❽ 沙比利木酒架　　❾ 金丝米黄大理石　　❿ 米色暗纹壁纸

◎ 如何处理壁纸起皱

起皱是最影响铺贴效果的缺陷，其原因除壁纸质量不好外，主要是由于出现裙皱时没有顺平就被赶压刮平所致。施工中要用手将壁纸舒展平整后才可赶压，出现裙皱时，必须将壁纸轻轻揭起，再慢慢推平，待裙皱消失后再赶压平整。如出现死摺，壁纸未干时可揭起重贴；如已干则需撕下壁纸，处理基层后重新铺贴。

❶ 米黄暗纹壁纸
❷ 定制樱桃木酒架
❸ 浅褐色乳胶漆
❹ 泰柚木饰面板
❺ 白色乳胶漆
❻ 白色乳胶漆
❼ 水晶吊灯
❽ 枫木搁板
❾ 白桦木饰面板
❿ 白桦木饰面板
⓫ 白色乳胶漆
⓬ 成品珠帘

❶ 泰柚木酒架

❷ 车边镜面玻璃

❸ 西南桦木饰面板

❹ 定制白色木格

❺ 米色镜面玻璃

❻ 白色乳胶漆

❼ 黑色镜面玻璃

❽ 白色木格展架

❾ 白色乳胶漆

❿ 米白色裂纹壁纸

⓫ 黑色镜面玻璃

⓬ 天蓝色乳胶漆

⓭ 车边镜面玻璃

❶ 镜面推拉门
❷ 白色石膏线
❸ 车边镜面玻璃
❹ 车边镜面玻璃
❺ 米色乳胶漆
❻ 蓝白色马赛克
❼ 黑胡桃木隔断
❽ 樱桃木饰面板
❾ 国画壁纸
❿ 深褐色暗纹壁纸
⓫ 定制白色酒架
⓬ 米黄色暗纹壁纸

◎ 如何检验壁纸铺贴的质量

壁纸应粘贴牢固，表面色泽一致，不得有气泡、空鼓、裂缝、翘边、褶皱和污斑等现象。表面平整，无波纹起伏，壁纸与挂镜线、饰面板和踢脚线应紧接，不得有缝隙。细节拼接要横平竖直，拼接处花纹、图案要吻合，不离缝、不搭接。距墙面1.5 m处正视墙面，确认无明显拼缝痕迹为佳。阴、阳角应垂直，棱角分明，阴角处搭接顺光，阳角处无接缝，壁纸边缘平直整齐，不得有纸毛、飞刺、漏贴和脱层等缺陷。

❶ 米色暗纹壁纸　　❷ 米色乳胶漆　　❸ 白色乳胶漆　　❹ 成品餐边柜　　❺ 镜面玻璃

❻ 沙比利木格　　❼ 泰柚木线条　　❽ 装饰油画　　❾ 中式木格装饰　　❿ 白色乳胶漆

❶ 米色乳胶漆
❷ 中式纹样壁纸
❸ 中式纹样壁纸
❹ 中式木格装饰
❺ 中式门扇隔断
❻ 浅灰色花纹壁纸
❼ 米色乳胶漆
❽ 中式纹样壁纸
❾ 沙比利木饰面板
❿ 白色乳胶漆
⓫ 成品餐边柜

❶ 黑白马赛克　　❷ 黑白马赛克　　❸ 白色石膏板造型　　❹ 白色搁板

❺ 成品珠帘　　❻ 浅绿色花纹壁纸　　❼ 成品珠帘吊灯　　❽ 浅褐色乳胶漆

❶ 浅褐色乳胶漆　　❷ 抽象装饰画　　❸ 成品餐边柜　　❹ 成品吊灯

❺ 西南桦木饰面　　❻ 装饰漆画　　❼ 褐色镜面玻璃　　❽ 米黄色乳胶漆

❶ 浅褐色乳胶漆

❷ 镜面玻璃

❸ 定制黑胡桃酒架

❹ 白色木格架

❺ 浅灰暗纹壁纸

❻ 浅咖色乳胶漆

❼ 黑胡桃木饰面板

❽ 白色木格展架

❾ 磨砂玻璃

❿ 镜面玻璃

⓫ 定制白色酒架

◎ 墙面使用镜面玻璃的注意事项有哪些

镜面玻璃以装在一面墙上为宜,不要装在两面墙上,造成反射。镜面玻璃的安装应按照工序,在背面及侧面做好封闭,以免酸性的玻璃胶腐蚀镜面玻璃背面的水银,造成镜子表面斑驳。平时应避免阳光直接照射镜面玻璃,也不要用湿手摸它,以免潮气侵入,使镜面的光层变质发黑。还要注意不要让镜面玻璃接触到盐、油脂和酸性物质,因为这些物质容易腐蚀镜面。

❶ 黑色镜面玻璃　　❷ 浅褐色乳胶漆　　❸ 深褐色软包　　❹ 米色乳胶漆　　❺ 镜面玻璃

❻ 黑白马赛克　　❼ 白色石膏板　　❽ 米色暗纹壁纸　　❾ 车边镜面玻璃　　❿ 米灰色暗纹壁纸

❶ 白色花格隔断
❷ 玻璃推拉门
❸ 枫木木格架
❹ 白橡木饰面板
❺ 枫木木搁架
❻ 黑色镜面玻璃
❼ 黑色镜面玻璃
❽ 条纹壁纸
❾ 白色砖墙
❿ 抽象装饰画

❶ 镜面玻璃

❷ 不锈钢搁板

❸ 西南桦木饰面板

❹ 镜面玻璃酒架

❺ 西南桦木饰面板

❻ 定制成品吊灯

❼ 米色乳胶漆

❽ 浅米色乳胶漆

❾ 成品餐边柜

❿ 米色乳胶漆

⓫ 树叶装饰画

❶ 浅木纹壁纸　　❷ 照片装饰墙　　❸ 玻璃推拉门　　❹ 凯撒灰大理石　　❺ 成品吊灯

❻ 镜面玻璃　　❼ 米黄大理石　　❽ 成品餐边柜　　❾ 白色乳胶漆　　❿ 定制白色收纳柜

◎ 墙面铺贴瓷砖须注意哪些问题

基层处理时，应彻底清理墙面上的各种污物，并提前一天浇水湿润。如基层为新墙，水泥砂浆七成干时，就应该粘贴墙面砖。瓷砖粘贴前必须在清水中浸泡两个小时以上，然后取出晾干待用。铺贴时遇到管线、灯具开关时，必须用整砖套割吻合，禁止用非整砖拼凑粘贴。铺贴时可选择多彩填缝剂，它们不是普通的彩色水泥，一般用于留缝铺装的地面或墙面，其特点是颜色的附着力强、耐压耐磨、不碱化、不收缩、不粉化，不但能改善瓷砖缝隙水泥易脱落、附着不牢的情况，而且可使缝隙的颜色和瓷砖相配，显得统一而协调。

❶ 米色横纹壁纸　　❷ 米黄大理石　　❸ 暗藏灯带　　❹ 米黄大理石

❺ 紫檀红大理石　　❻ 浅褐色暗花壁纸　　❼ 米黄色乳胶漆　　❽ 米黄色乳胶漆

❶ 镜面玻璃
❷ 石材拼贴造型
❸ 沙比利木饰面板
❹ 白色乳胶漆
❺ 淡粉色乳胶漆
❻ 抽象装饰画
❼ 黑色镜面玻璃
❽ 印花压纹玻璃
❾ 米色乳胶漆
❿ 金丝米黄大理石
⓫ 白色花纹隔断

❶ 枫木饰面板

❷ 米色乳胶漆

❸ 浅绿色乳胶漆

❹ 定制餐边柜

❺ 定制红木酒柜

❻ 白色石膏线

❼ 米色暗纹壁纸

❽ 米色暗纹壁纸

❾ 黑胡桃木饰面板

❿ 浅黄色壁纸

⓫ 白色乳胶漆

⓬ 定制镜面酒柜

❶ 白色石膏板造型　　❷ 白色造型隔板　　❸ 花纹壁纸　　❹ 绿色玻璃　　❺ 白色造型酒柜

❻ 粉色暗纹壁纸　　❼ 花纹图案推拉门　　❽ 白色乳胶漆　　❾ 白色乳胶漆　　❿ 肌理壁纸漆

◎ 如何处理墙面瓷砖空鼓脱落

墙面瓷砖出现空鼓脱落，主要原因是黏结材料不充实、砖块浸泡不够及基层处理不干净。施工时，瓷砖必须清洁干净，浸泡不少于两个小时，黏结厚度应控制在7～10 mm之间，粘贴时要使面砖与底层粘贴严密，可以用木槌轻轻敲击。产生空鼓时，应取下墙面砖，铲去原来的黏结砂浆，采用混合了占总体积3％的108胶的水泥砂浆修补。

❶ 花纹壁纸　　❷ 镜面玻璃　　❸ 竖条纹壁纸　　❹ 白色乳胶漆

❺ 白色造型酒架　❻ 绿色花纹壁纸　❼ 米色暗纹壁纸　❽ 抽象磨砂玻璃

❶ 米色暗纹壁纸　　❷ 中式木格装饰　　❸ 白色木格展架　　❹ 中式花格造型　　❺ 书法壁纸

❻ 国画壁纸　　❼ 沙比利木饰面板　　❽ 泰柚木饰面板　　❾ 米黄色乳胶漆　　❿ 玻璃推拉门

❶ 灰绿色暗纹壁纸

❷ 装饰油画

❸ 灰色暗纹壁纸

❹ 黑护套收纳柜

❺ 白色乳胶漆

❻ 镜面玻璃装饰条

❼ 米色花纹壁纸

❽ 红榉木饰面板

❾ 白色石膏板

❿ 橙色乳胶漆

⓫ 橙色乳胶漆

◎ 如何处理墙面瓷砖色变

墙面瓷砖出现色变，主要原因除瓷砖质量差、釉面过薄外，操作方法不当也是重要因素。施工中应严格挑选好材料，浸泡釉面砖应使用清洁干净的水，粘贴需要的水泥砂浆应使用纯净的砂子和水泥。操作时要随时清理砖面上残留的砂浆，如色变较大的墙砖应予以更换。

❶ 花纹镜面玻璃　　❷ 田园图案壁纸　　❸ 乳白色乳胶漆　　❹ 抽象装饰画　　❺ 米色乳胶漆

❻ 抽象装饰画　　❼ 黑胡桃木隔断　　❽ 泰柚木花格　　❾ 车边镜面玻璃　　❿ 白色乳胶漆

❶ 红色乳胶漆　　❷ 红色乳胶漆　　❸ 白色木搁架　　❹ 定制枫木酒架　　❺ 石膏板造型

❻ 胡桃木隔断　　❼ 灰色花纹壁纸　　❽ 车边镜面玻璃　　❾ 米色暗纹壁纸　　❿ 金丝米黄大理石

❶ 米黄色乳胶漆　　❷ 红砖装饰墙　　❸ 成品造型灯　　❹ 胡桃木饰面板　　❺ 镜面玻璃

❻ 白色酒架　　❼ 米黄色乳胶漆　　❽ 长条装饰画　　❾ 成品餐边柜　　❿ 磨砂玻璃

◎ 如何处理墙面瓷砖接缝不平直

墙面瓷砖出现接缝不平直，主要原因是砖的规格有差异和施工不当。施工时应认真挑选面砖，将同类尺寸的放在一起，用于一面墙上；必须贴标准点，标准点要以靠尺能靠上为准，每粘贴一行应及时用靠尺检查、校正。如接缝超过允许误差，应及时取下墙面瓷砖，进行返工。

❶ 镜面条纹玻璃

❷ 米色乳胶漆

❸ 成品餐边柜

❹ 镜面玻璃

❺ 金丝木饰面板

❻ 绿色暗纹壁纸

❼ 卷草图案镜面造型

❽ 绿色乳胶漆

❾ 红榉木饰面板

❿ 白色卷草纹隔断

⓫ 白色乳胶漆

⓬ 成品珠帘

❶ 米黄色乳胶漆　　❷ 成品竹帘　　❸ 花纹镜面玻璃　　❹ 花纹镜面玻璃　　❺ 米色暗纹壁纸

❻ 泰柚木饰面板　　❼ 红色乳胶漆　　❽ 黑胡桃木花格　　❾ 泰柚木饰面板　　❿ 米色乳胶漆

◎ 如何防止墙面的釉面砖出现裂缝

釉面砖墙面出现裂缝主要有以下几点原因：①釉面砖质量不好，材质松脆、吸水率大，因受潮膨胀，使砖的釉面产生裂纹；②使用水泥浆加108胶时，抹灰过厚，水泥凝固收缩引起釉面砖变形、开裂；③釉面砖在运输或操作过程中产生隐伤而裂缝。防止釉面砖裂缝的措施有：①选择质量好的釉面砖，背面材质细密，且吸水率低于18%；②粘贴前用水浸泡釉面砖，将有隐伤的挑出；③施工中不要用力敲击砖面，防止产生隐伤；④水泥砂浆不可过厚或过薄。

❶ 黑色线帘　　❷ 米黄色乳胶漆　　❸ 胡桃木格造型　　❹ 米黄石材　　❺ 白色乳胶漆

❻ 中式图案壁纸　❼ 金丝米黄大理石　❽ 米黄暗纹壁纸　❾ 浅咖色乳胶漆　❿ 泰柚木定制酒架

❶ 白色乳胶漆　　❷ 红色定制酒架　　❸ 浅灰花纹壁纸　　❹ 白色木搁架　　❺ 不锈钢定制酒架

❻ 罗马灰大理石　　❼ 米黄色乳胶漆　　❽ 米黄色乳胶漆　　❾ 红色镜面玻璃　　❿ 白色定制酒架

❶ 花纹壁纸

❷ 成品收纳柜

❸ 装饰油画

❹ 花纹壁纸

❺ 成品酒柜

❻ 白色搁板架

❼ 白色乳胶漆

❽ 装饰油画

❾ 花纹壁纸

❿ 白色成品酒柜

⓫ 白色乳胶漆

⓬ 磨砂玻璃

❶ 白色定制收纳柜　❷ 黑色花格壁纸　❸ 白色成品收纳柜　❹ 冰裂纹玻璃　❺ 白色石膏板

❻ 米色暗纹壁纸　❼ 沙比利木格造型　❽ 米色乳胶漆　❾ 抽象装饰画　❿ 红榉木饰面板

❶ 金丝柚木饰面板　　❷ 中式云纹砖　　❸ 国画壁纸　　❹ 泰柚木定制酒架　　❺ 白色冰裂纹花格

❻ 成品收纳柜　　❼ 抽象装饰画　　❽ 米黄色壁纸　　❾ 英伦米黄大理石　　❿ 金丝米黄大理石

⓫ 拿铁米黄大理石　　⓬ 定制罗马柱　　⓭ 雅典白玉大理石

❶ 白色乳胶漆 　　❷ 浅褐色乳胶漆 　　❸ 条形镜面玻璃 　　❹ 白色成品窗栏 　　❺ 条形镜面玻璃

❻ 白色乳胶漆 　　❼ 白色砖墙 　　❽ 浅咖色透明玻璃 　　❾ 镜面玻璃 　　❿ 啡网纹大理石

◎ 如何防止釉面砖墙面不平

釉面砖墙面不平、接缝不直的原因有以下几点：①釉面砖质量差，尺寸误差大，挑选釉面砖尺寸时把关不严；②施工时，挂线贴灰饼，排砖不规矩；③粘贴时操作不当。防止釉面砖墙面不平，接缝不直的措施有：①购买质量好的釉面砖，施工前按釉面砖标准尺寸制作木框进行选砖，将标准尺寸、大于标准尺寸、小于标准尺寸的三类釉面砖分开，同一类砖用在一面墙上；②认真做好贴灰饼、找标准的工作，并进行釉面砖预排；③每贴好一行釉面砖，及时用靠尺板校正、找平，避免在砂浆收水后再纠偏移动。

❶ 黑檀木饰面板

❷ 装饰油画

❸ 黑色暗纹壁纸

❹ 车边镜面玻璃

❺ 清水泥

❻ 成品吊灯

❼ 金色暗纹壁纸

❽ 成品餐边柜

❾ 竖条纹壁纸

❿ 井格暗纹壁纸

⓫ 淡蓝色乳胶漆

⓬ 成品酒柜

❶ 沙比利木隔断
❷ 白色石膏板造型
❸ 白色隔断造型
❹ 成品收纳柜
❺ 白色乳胶漆
❻ 定制黑檀木酒架
❼ 石膏板搁架
❽ 金丝米黄大理石
❾ 灰色镜面玻璃
❿ 清玻推拉门
⓫ 米黄色乳胶漆
⓬ 装饰油画

❶ 柚木定制收纳柜　❷ 镜面玻璃　　❸ 白色条形隔断　❹ 定制成品珠帘　❺ 白色木格造型

❻ 白色木线条　　❼ 白色乳胶漆　❽ 磨砂玻璃　　❾ 白色线帘　　❿ 成品收纳柜

◎ 如何设计餐厅、玄关的墙面

创造具有文化品位的生活环境，是室内设计的一个重点。在现代家庭中，餐厅已日益成为重要的活动场所。餐厅不仅是全家人共同进餐的场所，而且也是宴请亲朋好友、交谈与休息的地方。餐厅墙面的装饰手法除了要遵循将餐厅整体风格设计一致这一基本原则外，还要注意突出自身的风格，兼顾餐厅的实用功能和美化效果。此外，餐厅的环保装修是非常重要的，装修材料的指标要符合国家规定并且无碍健康，在设计中要考虑房屋单位面积内装修材料的最佳使用量，同时还要考虑家具、地板等产品甲醛释放的叠加效应。所以，餐厅设计应以自然、安全、简洁、美观、舒适为目标，有利健康、有利环境、有利生态，并选用可以刺激食欲的装饰品，如选用花草、水果及风景照片等点缀背景墙。

❶ 文化砖

❷ 黑色线帘

❸ 米黄色壁纸

❹ 黑檀木格造型

❺ 花纹壁纸

❻ 灰色乳胶漆

❼ 米黄色乳胶漆

❽ 金丝米黄大理石

❾ 欧洲砂岩

❿ 中式压纹镜面玻璃

⓫ 抽象装饰画

⓬ 西南桦木饰面板

❶ 白色木格展架
❷ 成品收纳柜
❸ 成品收纳柜
❹ 红色暗纹壁纸
❺ 成品收纳柜
❻ 绿色清玻璃
❼ 白桦木贴板
❽ 白色乳胶漆
❾ 绿色清玻璃
❿ 枫木成品收纳柜
⓫ 绿色乳胶漆

❶ 车边镜面玻璃

❷ 白色装饰框

❸ 成品收纳柜

❹ 清玻璃

❺ 白色木屏风

❻ 枫木成品收纳柜

❼ 米黄色壁纸

❽ 清玻璃

❾ 镜面玻璃推拉门

❿ 樱桃木饰面搁板

⓫ 樱桃木饰面板

⓬ 镜面玻璃

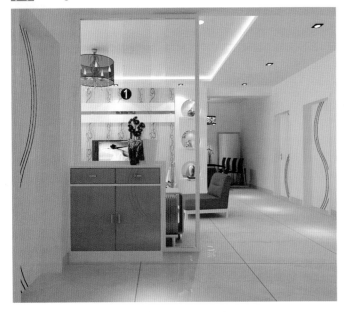

❶ 清玻璃　　❷ 屏风隔断　　❸ 米色暗纹壁纸　　❹ 浅咖色乳胶漆　　❺ 泰柚木饰面板

❻ 镜面木搁架　　❼ 磨砂透明玻璃　　❽ 白色花纹造型屏风　❾ 泰柚木搁板　　❿ 白色定制收纳柜

❶ 白色木线条

❷ 白色成品收纳柜

❸ 成品珠帘

❹ 白色成品收纳柜

❺ 白色乳胶漆

❻ 玫瑰花装饰画

❼ 磨砂玻璃

❽ 成品收纳柜

❾ 白色石膏板造型

❿ 白色造型隔断